QUELQUES RÉFLEXIONS

SUR LA

DOCTRINE SCIENTIFIQUE

DITE

DARWINISME

Par M. Charles DES MOULINS,

Membre de l'Association scientifique de France, etc., etc , etc.

BORDEAUX

CHEZ CODERC, DEGRÉTEAU ET POUJOL

(Maison LAFARGUE)

Rue du Pas Saint-Georges, 28.

1869

QUELQUES RÉFLEXIONS

SUR

LA DOCTRINE SCIENTIFIQUE

DITE

DARWINISME

Par M. Charles DES MOULINS

Membre de l'Association scientifique de France, etc., etc., etc.

———————>•<———.————

Le 11ᵉ cahier des *Bulletins de la Société des sciences naturelles du département de la Moselle*, publié en 1868, contient une *Révision des poissons qui vivent dans ce département*, et l'auteur du travail, M. Géhin, a été amené par ses études ichthyologiques à revenir sur la grande question de la *variabilité de l'espèce*. Il a ainsi appelé un intérêt général sur un mémoire dont le sujet primitif ne devait, par lui-même, en exciter qu'un exclusivement local.

Dans son remarquable travail, M. Géhin se déclare franchement *darwiniste*, tout en répudiant avec énergie, au nom de M. Darwin lui-même, les excès d'absurdité auxquels, comme d'ordinaire, quelques-uns de ses élèves ont poussé sa doctrine.

C'est une tâche bien malaisée, — il faut le reconnaître, — que celle de s'arrêter sur une pente dans laquelle on a été lancé par l'adoption d'un *principe*; car alors il faut lutter contre la logique, qui veut que les conséquences, — toutes les conséquences , — de ce principe en découlent et soient admises par ses adeptes. Mais ce n'est pas affaire à moi d'aider à tirer d'embarras mes adversaires ; et comme je puis , sans honte, à la suite de Linné, Cuvier, les deux Candolle, Fée, Edmond Boissier et tant d'autres savants justement célèbres, avouer que je ne suis pas darwiniste, je veux me borner à dire ici sommairement *pourquoi* je ne le suis pas , en passant sous silence toutes les considérations étrangères *à la science* pure , — mais je dis à la science *générale*, *universelle*, c'est-à-dire à *l'ensemble des sciences*. Après plus de cinquante années d'études en histoire naturelle, j'ose espérer qu'il me sera permis de dire ingénument mon avis sur un sujet déjà tant controversé.

Si l'on se bornait à plaider en faveur de la *variabilité* DANS *l'espèce*, c'est-à-dire en faveur de la possibilité, pour les caractères spécifiques , de varier, même *beaucoup*, dans des limites *certaines* quoique difficiles souvent à reconnaître, mais en définitive *infranchissables*, il n'y aurait plus matière à discussion ; car j'ai eu plus d'une fois l'occasion de dire publiquement que je ne suis pas non plus *jordaniste*, c'est-à-dire partisan de la *fixité inflexible des formes* dans l'espèce. Mais le darwinisme-*principe* veut la transmutabilité des espèces et par conséquent des genres , puis des familles elles-mêmes (pour peu qu'il soit conséquent).

Il faut bien reconnaître qu'il ne l'est pas toujours !... Et par exemple, je n'ai pas nommé Lamarck parmi les naturalistes illustres dont je prends pour guide confidemment et sincèrement la bannière, parce que *je ne suis pas avec lui* en ce qui concerne les principes qu'il a proclamés au début de l'un de ces deux grands ouvrages (*Animaux sans vertèbres* et *Flore française*), qui lui ont justement valu le nom de *Linné français*. Ces principes ne renferment pas seulement *le germe* de la doctrine qu'on nomme aujourd'hui *darwinisme*; ils la renferment virtuellement tout entière, et avec elle, en vertu de la logique des inductions et des déductions, toutes les conséquences qu'en ont tirées les plus fougueux continuateurs de M. Darwin. Mais, pour la *pratique* de l'histoire naturelle, *je suis avec Lamarck* et ne mets aucune restriction à mon admiration pour ses magnifiques travaux. D'où vient cette apparente contradiction? Uniquement de ce que Lamarck a passé sa vie, peut-on dire, à contrecarrer *en fait* les principes qu'il avait posés *en théorie :* il a été toute sa vie, en dehors de sa propre théorie, classificateur et *spécificateur*. On est même obligé aujourd'hui de réduire assez fréquemment le nombre des *espèces* qu'il avait exposées comme distinctes! Cette remarque, que je me borne à consigner ici en passant, n'est point du ressort des sciences *naturelles*; elle est toute *philosophique*, et quand on est résolu, comme il est juste, de tenir compte *de tout* dans l'examen d'une question, il est bien permis de prendre note d'une telle observation, comme il serait permis d'en faire emploi dans une discussion approfondie, que ce n'est nullement le lieu d'entamer dans cette courte note.

Je ne veux pas toucher non plus à la question de l'*hybridité*, qui tient une juste place dans le mémoire de M. Géhin. La possibilité de l'hybridation est un fait reconnu *de tous*, et la question controversée ne porte que sur sa fréquence *naturelle et sur l'efficacité de ses conséquences*. Je la laisse donc de côté pour reprocher à M. Géhin d'avoir combattu une objection faite contre le darwinisme, pour cela seul que cette objection, dit-il, « est plutôt philosophique que physiologique » (p. 155, ligne 5e). Mais si, — ce que je n'ai point à examiner, — si l'objection philosophique est *probante*, elle ne peut pas, en réalité, être en désaccord avec la vraie théorie qui découlerait de l'observation *physiologique*. Autrement, une science *matérielle* se trouverait en contradiction avec une science *intellectuelle*, et il ne se peut pas que cela soit, pas plus qu'il ne se peut qu'il fasse à la fois *jour* et *nuit* sur un point quelconque du globe.

M. Géhin a mis beaucoup d'habileté, de bon sens pratique et de sagesse dans la distinction qu'il s'efforce de faire entre ce qu'il accepte et ce qu'il repousse du darwinisme et de ses conséquences logiques; mais, à mon sens, il n'a pas réussi et ne pouvait réussir à poser le *grain de sable* qu'il cherchait pour le constituer *en barrière*, et qui est toujours franchi par l'inflexible logique des déductions.

Ceci me ramène directement à l'objet spécial de la présente note, — je veux dire à l'expression pure et simple de ma façon de voir à l'endroit du darwinisme.

Malgré son aptitude infiniment remarquable pour les observations exactes, ingénieuses et fines, ce célèbre chef d'école, M. Darwin, en laisse perdre la plupart des résultats sainement théoriques, grâce à la merveilleuse dextérité avec laquelle il passe, sans vouloir le voir, à côté de leur sens *philosophique*, qui est le vrai parce qu'il résulte des deux éléments de l'appréciation, — pour aller s'échouer en plein sur leur sens *matériel*, qui n'est pas le vrai parce qu'il ne s'appuie que sur la moitié de ces éléments et en néglige l'autre moitié.

Certes, c'est une bonne chose que la division du travail, ou en d'autres termes l'*analyse*, ou encore, si l'on veut, la déposition des témoins dans un procès. Mais cela n'est bon que pour l'*instruction de la cause*. Pour le *jugement*, il faut autre chose, — il faut TOUT, — la *comparaison et la combinaison* des lois et des faits, des effets et des causes. Sans tout cela, le jugement demeure infirme et caduc, et les flots pressés des esprits qui s'engouent au lieu de juger, se précipitent pêle-mêle, comme les moutons de Panurge, à la suite d'une idée qui ne doit le nom de *nouvelle* qu'à ce qu'elle est une réduction, une pure mutilation de l'idée *complète*. Ils nient, ces esprits qui prennent la partie pour le tout, — ils nient la RÉALITÉ SCIENTIFIQUE de tout ce que les divers modes de *mensuration* ne peuvent atteindre, et ils transportent au fragment par eux mutilé du problème à résoudre, le nom de *philosophie* exigé par un reste de respect instinctif pour la dignité du génie humain.

Assurément il en est parmi eux — et en grand nombre — dont l'intelligence et l'habitude d'étudier suffiraient abondamment à leur faire voir la fausse route où ils marchent, s'ils *savaient* ce qu'ils veulent résolument *ignorer* et si, se prenant à se considérer et à s'étudier eux-mêmes, ils puisaient dans cette étude la volonté d'apprendre ce qu'ils ne savent pas. Leur erreur est donc en quelque façon *volontaire* et ne se peut expliquer que parce qu'ils voient *la logique* leur demeurer fidèle dans une série plus ou moins longue soit de *faits*, soit des conséquences qu'ils en tirent et qu'ils nomment déductions *philosophiques*.

Cela peut arriver et arrive en effet, et il n'y a pas lieu de s'en étonner, car les *faits* sont les mêmes pour tous, et le groupement d'un nombre plus ou moins grand d'entre eux peut souvent avoir lieu sans entamer le fond des éléments intégrants d'un problème *complet*. Mais tout ce travail de constatation matérielle et d'interprétation intellectuelle reste partiel et comme provisoire, tant qu'on n'en vient pas aux conclusions systématiques, théoriques, doctrinales, générales, scientifiques, *philosophiques* en un mot, dans le sens large de cette expression.

Il n'y a pas lieu, dirai-je encore, de s'étonner de ce succès partiel d'une logique imparfaitement appliquée ; car la logique n'est, par elle-même, absolument *rien !* Elle ne constitue aucune entité ; ce n'est ni un corps de science, ni un corps de doctrine, mais un pur *instrument* qui fonctionne invariablement *juste*, mais qui est irrémédiablement aveugle et fait fidèlement son office partout où on l'applique, comme le rasoir coupe ce qu'on oppose à son tranchant. Mais pour peu que le point de départ de l'action logique soit mal ou *incomplètement* posé, l'erreur initiale demeure attachée à toutes les opérations et les vicie dans leurs résultats. Cela est de vérité devenue banale en algèbre, science qui est une application par excellence de la logique. Cela existe de même en géométrie, et chacun de nous a eu maintes occasions de le constater lui-même en arithmétique : un problème est mal posé, une omission a été commise dans son énoncé : on opère *juste* (c'est-à-dire logiquement) sur ces données imparfaites, et on se trouve aboutir, pour résultat, au faux et souvent même à l'absurde.

Tel est, sommairement et sans exemples ni argumentations, le reproche que la science *complète*, la science *vraiment philosophique*, adresse au darwinisme, et le résultat final qu'elle constate dans sa doctrine. Il n'y a pas d'idées NOUVELLES ; il est hors de la puissance de l'homme d'en enfanter de toutes pièces une seule ! Tout ce qu'on appelle ainsi n'est que *déductions* ou *applications* ; et celles-ci peuvent être vraies ou fausses, améliorantes ou défectueuses : voilà tout, et notre puissance ne va pas plus loin.

Explique qui voudra, du reste, comment un *instrument* purement intellectuel, tel que la logique, a trouvé grâce devant des esprits qui, disent-ils, ne sauraient admettre comme preuves que des *faits*, — et comment ils consentent à lui accorder *voix délibérative*, c'est-à-dire à lui reconnaître le droit de *vote complet* dans l'argumentation. Mais le fait est là : tout le monde se sert de la logique, et j'en dirai à-peu-près autant de *l'analogie*, genre de démonstration qui appartient plus encore à l'ordre philosophique, c'est-à-dire intellectuel, qu'à l'ordre physique, c'est-à-dire matériel. Oui, tout le monde — matérialistes d'un côté, philosophes de l'autre — se sert de l'analogie et l'admet, à des degrés divers selon les circonstances, au nombre des arguments susceptibles de *faire preuve scientifique*. Cette admission est souvent rationnelle et juste ; parfois elle aboutit au faux, et quand il en arrive ainsi, c'est parce que le raisonnement *analogique*, opération toute intellectuelle et non matérielle, a été trompé par la *ressemblance* extérieure, et l'a prise pour une *identité* qui n'existe pas. C'est tout-à-fait le même cas que je citais tout-à-l'heure pour la logique, — le cas où le point de départ étant *mal ou incomplètement posé*, et l'instrument logique *fonctionnant fatalement juste*, aboutit pourtant au faux.

J'avoue que l'exemple tout récent, très-curieux et très-important que j'en vais citer, n'a pas encore obtenu une consécration authentique que le temps et des moyens d'observation plus parfaits pourront seuls, peut-être, lui apporter un jour ; mais je le choisis parce qu'il nous montre l'admission du moins temporaire au nombre des *faits scientifiques*, d'une *apparence* qui semble maintenant avoir été trompeuse et qui paraissait pourtant sainement déduite d'un raisonnement analogique.

Pour se mettre au fait de *l'histoire* de cet exemple, il faut lire le premier article du *Bulletin hebdomadaire*, nᵒ 107 (14 février 1869), pages 97 à 101, de l'*Association scien-*

tifique de France. Comme résultat, il peut se résumer ainsi : La théorie admise relativement à la constitution physique du soleil en faisait un globe *obscur*, enveloppé de plusieurs atmosphères gazeuses dont l'une (la *photosphère*) *lumineuse* par elle-même, et laissant apercevoir, lorsqu'elle vient à se déchirer, le noyau obscur ; de là, les taches qui se présentent fréquemment.

Les observations faites en 1860 par M. Le Verrier, et confirmées par les observations spectroscopiques de 1868, amènent au contraire l'illustre directeur de l'Observatoire à dire à l'Institut que le soleil est un globe *lumineux* en raison de sa haute température et recouvert d'une petite atmosphère qui en voile en partie l'éclat, en présentant à nos moyens d'observation l'apparence de taches dont il est parlé plus haut.

Voilà donc deux explications *contraires* d'un même *phénomène*, et que l'analogie peut porter également à admettre : l'écran *lumineux* placé entre le soleil et notre œil, — l'écran *obscur* placé de la même façon, produisent l'un et l'autre la même apparence, — les taches.

La constatation *directe* du *fait réel* nous étant impossible, la solution *définitive* ne pourra être obtenue qu'à l'aide de l'appréciation *comparée* de la valeur des observations, faits et raisonnements qui pourront être recueillis soit pour, soit contre l'admission au nombre des *faits scientifiques*, de l'une ou de l'autre des deux explications données jusqu'ici sur les apparences observées. Jusque-là, la science doit rester dans un doute prudent, puisque nous ne pouvons constater directement et *complètement* les causes, les conditions et les circonstances concomitantes des phénomènes observés.

Un autre exemple de la caducité *possible* des arguments

invoqués par les partisans *exclusifs* des *faits* observés, se rencontre justement dans le même numéro (pages 105 à 108) du *Bulletin hebdomadaire* cité plus haut.

Le deuxième des dix chapitres dont est composé le volume du *Monde sous-marin*, par MM. Zurcher et Margollé, est intitulé *Courants de la mer*, et le n° 107 du *Bulletin* en cite un extrait qui doit, y est-il dit, avoir « une » valeur particulière au moment où les variations du climat » de l'Angleterre sont attribuées à un changement dans la » direction du *Gulf-Stream*. »

Les auteurs du *Monde sous-marin* disent, en substance, que des phénomènes analogues à ceux de l'époque glaciaire (pendant laquelle l'Amérique du Nord n'était pas encore émergée et le *Gulf-Stream* se dirigeait sur l'emplacement actuel de la vallée du Mississipi), se produiraient dans l'Europe occidentale, si ce puissant courant était détourné de sa direction actuelle ; — et Constant-Prévost a dit que cela arriverait, avec de grands changements dans le climat de l'Europe, si un tremblement de terre venait à faire rompre l'isthme de Panama.

Or, voici que depuis les derniers tremblements de terre des Antilles, il paraît que la vitesse du *Gulf-Stream* a presque doublé dans les passes de la Floride ; — et si ce phénomène se continue, les changements dans la climature de nos côtes européennes auront des conséquences dont les intérêts de la civilisation ressentiront le contre-coup dans le monde entier.

D'un autre côté (page 106 du même *Bulletin*), voici M. Caillet, examinateur de la marine, qui établit que « l'ondulation gigantesque formée sur les côtes du Pérou » par le tremblement de terre du 13 août 1868 a TRAVERSÉ » L'OCÉAN PACIFIQUE, parcourant ainsi *le tiers du tour du* » *globe* et annonçant sur son passage qu'un terrible cata-

» clysme venait de s'accomplir. » M. Caillet raconte, d'après une lettre de son frère, lieutenant de vaisseau en mission dans la petite île de *Rapa* (récemment placée sous le protectorat de la France, et qui est « comme un point » perdu au Sud du vaste archipel océanien), » qu'à vingt minutes environ de distance l'une de l'autre et avec une intensité décroissante, *neuf* ondes ou vagues successives envahirent l'île et les habitations qui s'y trouvent. Il n'y eut point de tremblement de terre, mais un écroulement de roches dans la montagne ; il dut se produire, au large, un soulèvement sous-marin. Les calculs faits à l'occasion de ce phénomène montrent que la vitesse de transmission de l'onde principale a été de 183 mètres par seconde, vitesse « presque vertigineuse, » égale à « plus de la moitié de celle du son dans l'air, » égale aussi à « dix fois environ » celle des trains *express* les plus rapides. » — Ces mêmes calculs donnent à l'onde initiale 20 à 25 mètres de hauteur, et à sa base transversale une longueur de plus de 8,200 mètres ; enfin, la distance entre chacune des neuf ondes observées devait être de 219 kilomètres.

La communication de M. Caillet se termine ainsi : « La » nature n'avait pas encore offert aux méditations des géné- » rations modernes une expérience faite sur une échelle » aussi prodigieuse ; les terribles catastrophes qui l'ont » accompagnée doivent nous porter à en recueillir soigneu- » sement toutes les circonstances, avec l'espoir qu'elle » restera unique dans les fastes de l'humanité. »

Unique, pourquoi ? C'est là une espérance dont il reste-rait à établir le degré de probabilité ; mais le fait est là : il vient nous montrer, *hic et nunc*, l'existence d'un vrai cataclysme ; et n'est-il pas bien plus probable qu'il n'est pas *unique* dans l'histoire de notre planète ?

N'est-ce pas même absolument certain? On lit, en effet, dans le *Correspondant* du 25 février 1869, un article de M. Lucien Dubois, sous ce titre : *La Polynésie, ses archipels et ses races* ; à la page 651, § X, il y est dit :

« On se rappelle le tremblement de terre qui, en 1854,
» ruina la ville japonaise de Simoda et, soulevant la mer,
» fit échouer la frégate russe la *Diana*, qui fuyait devant
» notre escadre. Le même jour, de l'autre côté du Pacifi-
» que, la Californie vit accourir sur ses rivages et les inon-
» der en partie, d'énormes vagues, contre-coup du trem-
» blement de terre japonais. Douze heures avaient suffi à
» ces houles formidables, larges, suivant Maury, de plus
» de 100 lieues à leur base, pour franchir les 11,000 kil.
» qui séparent le Japon de l'Amérique, soit une vitesse de
» près de 1,000 kilomètres à l'heure ! »

A ce compte, que devient cette tranquillité régulière qui inspire à sir Ch. Lyell tant de confiance dans l'uniformité d'action pendant tout le cours de la vie du globe, des *causes actuelles?* — qui l'amène à en accorder si peu aux immortels travaux des Cuvier, des Léopold de Buch, des Fourrier, des Cordier, des Constant Prévost, des Elie de Beaumont, de ces hommes de génie qui, dans des voies diverses et n'en déplaise aux novateurs, recevront toujours, je l'espère bien, les hommages de respect et d'admiration des générations savantes qui suivront la nôtre ?

Les novateurs! ils ont du talent aussi, et beaucoup, — de la science aussi, et beaucoup ; mais ils ont commis la faute irrémédiable de s'imaginer que *tronçonner la science universelle*, c'est *faire du neuf*. Ils ont chassé de l'orbite où se meut leur activité *les sciences intellectuelles* dont ils se servent pourtant quelquefois sans y prendre garde et au gré de leur fantaisie. Ils les en ont chassées, dis-je, parce

qu'ils leur refusent la *dignité*, la *fonction*, la *puissance* de
SCIENCES : ils ne les emploient plus comme telles; ils les
relèguent parmi les vieilleries de l'esprit humain et s'insur-
gent ainsi contre le témoignage de l'humanité tout entière.
Histoire, tradition, critique historique, philosophie pro-
prement dite, harmonies de la nature démontrées par les
résultats de l'étude, ordre moral qui éclaire l'ordre physique, l'explique et en fin de compte le réglemente, tout cela
n'est plus rien pour eux; ils ont tout jeté au loin, et il
leur reste en main ces tronçons, ces fragments mutilés de
la science universelle, qui se nomment les sciences *exactes*
et les sciences d'*observation*. Puis, ils disent : « Voilà du
neuf, car ce n'est pas la » science des années qui nous ont
précédé. » — Mais, non! ce n'est pas du neuf! il n'y a,
il ne peut rien y avoir de neuf! La moitié n'est pas le tout,
sans doute; mais en diffère-t-elle par son essence? Non;
donc, elle ne constitue pas une nouveauté.

Revenons aux questions pratiques, desquelles je me
suis laissé entraîner à m'écarter un instant. Nous avons —
je le répète — *hic et nunc*, un cataclysme, et il est bien
plus *rationnel* et plus conforme aux faits constatés de penser qu'il n'est pas isolé dans l'histoire du globe, que de
penser le contraire. Veut-on faire les mondes *éternels*?
Comptez donc ces 104 petites planètes qui seront cinq
cents dans peu d'années peut-être, et qui sèment deux fois
par an leur poussière incandescente dans nos sillons! Ne
vous crient-elles pas bien haut qu'elles ne sont que les dé-
bris concassés d'un ou de plusieurs mondes? Et si nous
rabattons nos regards sur celui que nous habitons, n'y re-
trouvons-nous pas chaque jour l'image *diminuée mais fidèle*
des révolutions qui l'ont bouleversé jadis à plusieurs épo-
ques? Non, non! et la science peut l'enseigner avec con-

fiance : l'*animal mundus*, comme l'appelait Pline, n'est
pas resté toujours aussi calme et placide qu'on veut bien
nous le dire, et si Dieu nous a fait un long repos troublé
seulement par de minces tressaillements qui n'ont empêché
ni la civilisation ni la science de se former et de grandir,
ayons du moins assez de clairvoyance scientifique pour ne
pas nous tenir assurés de ne jamais voir troublé l'ordre
physique dont nous jouissons!

Revenons aussi, peu à peu, au point de départ des
réflexions consignées dans cet écrit : ce point de départ,
c'est la doctrine dite *darwinisme*, et il semble que ce soit
bien peu de chose à côté de ces grands évènements dont je
viens d'évoquer le souvenir. Le *darwinisme*, en effet, dans
la pratique de tous les jours, c'est la discussion établie sur
un bien petit fait. Réduit à son plus simple exemple, on
peut le formuler ainsi : *La laitue pommée peut-elle, ou non,
se transformer en laitue romaine?* Bien petite question sans
doute, et pour la trivialité de laquelle je demande pardon
à mes lecteurs ; mais quoi qu'on puisse dire de spirituel et
d'incisif sur les *petits faits*, on ne fera jamais qu'au point
de vue théorique, un *petit fait* ne soit l'*égal d'un grand fait*,
en valeur et en puissance! La question des deux laitues
contient en germe le darwinisme tout entier, comme l'aurait
contenu, si elle n'eût pas été démentie par les faits, la
question de la fécondité *fixée* des *Léporides*.

On ne peut, sans une exagération évidemment mau-
vaise, dire avec feu Jacotot : *Tout est dans tout* ; mais on
peut et on doit dire que dans l'ensemble des sciences intellectuelles et matérielles, *tout se tient*, c'est-à-dire que
toutes choses sont *reliées* entr'elles par des rapports qui
demeurent *inscindables*, si j'ose ainsi dire, sous peine de
mutilation de la science universelle ; et voilà pourquoi la

parole la plus insensée, peut-être, qui soit jamais sortie d'une bouche humaine, c'est cette parole de Heine : « Nous » allons jusqu'à admettre la réalité des contraires. »

Oui, tout se tient, et si l'on réfléchit bien sur la raison d'être du *darwinisme* comme doctrine scientifique, il faut bien reconnaître qu'il n'a pas de meilleur appui que *la suppression* (plus qu'hypothétique) *des révolutions du globe ;* c'est le seul moyen qu'il ait de soutenir contre l'évidence des yeux quant aux faits anciens, — contre ce peu, ce *si peu* d'expériences que l'histoire humaine a pu ramasser depuis quatre mille ans, — de soutenir, dis-je, la transmutation graduelle et tranquille, la transmutation *évolutive* pourrait-on dire, des formes animales et végétales.

Et maintenant, je crois avoir tenu parole à ceux qui veulent bien me lire. J'ai dit en commençant que j'éviterais soigneusement de sortir de l'*ordre scientifique* en disant POURQUOI *je ne suis pas darwiniste ;* et cette parole, je crois y être demeuré fidèle, sans renoncer le moins du monde aux réserves d'un ordre supérieur dont je conserve le droit et la faculté d'exercice, et desquelles, dans cette note, je n'ai fait aucune mention. Mais en finissant, je crois pouvoir ajouter que sans me flatter d'amener à ma manière de voir ceux qui en sont éloignés, je puis toujours, même en me plaçant à leur propre point de vue, maintenir les opinions que je partage comme tout aussi *scientifiques* que les leurs. Ils enseignent, en effet, que les *faits* seuls ou les *démonstrations* rigoureuses ont le pouvoir d'établir la *vérité scientifique*, et ils peuvent me dire : *Vous n'avez pas démontré* — vous n'avez pas prouvé *par l'évidence de faits complètement observés*, la vérité absolue de ce que vous avancez.

Je suis loin de le nier ; mais est-ce pour rien que je suis

un être *fini*, c'est-à-dire que je n'ai pas la puissance de tout voir, de tout savoir, de tout faire? Et les adversaires des opinions que je soutiens ont-ils mieux *démontré* la vérité de celles qu'ils prêchent? Non, assurément : ils n'ont pu le faire pour une seule d'entr'elles, soit *positive*, soit *négative!*

Il semble qu'il soit bien plus facile, quand on ne veut que des preuves de l'ordre matériel, de prouver qu'une chose n'existe pas, que de prouver qu'elle existe quoiqu'on ne la voie pas des yeux du corps. Eh bien! il y a des hommes qui ont nié l'existence de l'esprit, l'existence de l'âme, l'existence même de Dieu. Ce sont là trois choses qui ne se peuvent prouver ni mathématiquement, ni physiquement : *la démonstration en est d'un autre ordre*. Mais les assaillants ont-ils pu, du moins, *prouver* que ces trois choses n'existent pas? Toujours la même réponse : Non (1)!

---

(1) Un auteur connu par de nombreux et savants travaux a dit : « *La négation n'est pas un procédé scientifique* » Cette règle générale est d'un bon sens tellement évident, qu'on ne saurait guère lui refuser le rang d'axiome. Mais il est utile de faire remarquer que, selon le point de vue où est placé l'homme qui en fait emploi, la valeur de cet axiome dans l'argumentation peut changer du tout au tout, sans pourtant — il faut le répéter — sans pourtant qu'il puisse jamais constituer une preuve *scientifique*.

Ainsi, quand cette négation a pour source, pour garantie aux yeux de l'argumentateur, une autorité *qui ne peut pas être dans l'erreur*, sa valeur s'élève bien au-dessus de la valeur d'une *preuve*, d'une *démonstration* : elle devient alors une CERTITUDE ABSOLUE, élément de conviction radicalement différent, dans son essence, de la *démonstration* ou *preuve scientifique*.

Mais il peut arriver aussi que, A TORT OU A RAISON, un autre argumentateur n'admette pas comme absolument *exempte de toute possibilité d'erreur*, l'autorité ou source de conviction de laquelle émane cette négation. Pour celui-ci, la négation n'emportera pas la *certitude absolue* qu'elle produit chez le premier; et comme,

Et cela n'a rien de surprenant, puisque les preuves qui appartiennent *à un autre ordre* ne sont plus entre leurs mains dès le moment qu'ils les ont répudiées en leur refusant la *force*, la *fonction* SCIENTIFIQUES. Ils restent donc dans une impuissance absolue en face de la provocation qui leur est adressée, tandis que nous usons, nous, des preuves *d'un autre ordre*, que nous fournit l'ensemble des sciences, la science universelle.

En un mot, tandis qu'ils ne peuvent user que de l'arme de la *négation*, nous avons en main, dans des cas très-nombreux, l'arme de l'*affirmation*.

Bordeaux, Février 1869.

---

aux termes de l'axiome lui-même, elle ne saurait constituer une *preuve scientifique*, elle n'aura, aux yeux de ce second argumentateur, que la valeur d'une *opinion individuelle*, à laquelle il se croira libre de n'accorder que le degré de confiance qu'elle lui paraîtra mériter.

Cette distinction est importante à faire parce que, pour argumenter loyalement, il faut toujours tenir compte du *point de vue* où est placé l'adversaire. Je le dis encore : il peut y être placé à TORT *ou à* RAISON; mais je n'ai point à choisir ici entre ces deux hypothèses, puisque je considère l'axiome d'une manière uniquement *abstraite* et nullement concrète. Pour choisir entre *tort* et *raison*, il faudrait entrer dans l'exposition et l'appréciation d'un sujet déterminé, et je ne veux exposer ici que des *faits généraux*, des faits *purs et simples* (*négation* ou *affirmation*), — et les conditions dans lesquelles ils doivent être employés pour figurer *régulièrement* dans une argumentation quelconque.

Bordeaux. — Imprimerie de F. DEGRÉTEAU et Cie.

www.ingramcontent.com/pod-product-compliance
Lightning Source LLC
Chambersburg PA
CBHW050413210326
41520CB00020B/6580